Gasverwendung

zu

technischen und gewerblichen Zwecken.

Das Gas in der Feinmechanik

Das Gas in Anstaltsküchen
   im Hotel- und Restaurationsbetrieb

Das Gas im Kolonialwarenbetrieb

Das Gas im Bekleidungsgewerbe

Von

Dr. E. SCHILLING
München

Sonderabdruck aus
Journal für Gasbeleuchtung und Wasserversorgung

München und Berlin
Verlag von R. Oldenbourg

SONDERABDRUCK
aus dem Journal für Gasbeleuchtung und Wasserversorgung
Nr. 20 vom 14. Mai, Nr. 31 vom 30. Juli
und Nr. 35 vom 27. August 1910.
Herausgegeben von Dr. H. Bunte, Karlsruhe.

Gasverwendung
zu technischen und gewerblichen Zwecken.

Von Dr. E. Schilling, München.

1. Das Gas in der Feinmechanik.

(Isaria-Zählerwerke, Akt.-Ges. in München.)

Im Anschluß an die zur Ausnutzung der Wasserkräfte
der Isar erbauten Elektrizitätswerke »Isarwerke« ist auf dem
sog. Sendlinger Oberfeld bei München ein Industrieviertel
entstanden, das mit Strom zu Licht- und Kraftzwecken von
den Isarwerken versorgt wird. In diesem Industrieviertel
liegt auch die neuerbaute Fabrik der Isaria-Zählerwerke,
die dort Elektrizitätszähler, elektrische Kleinmotoren und Gasmesser herstellt. Obwohl diese Fabrik
sich für den Kraftbedarf und für Beleuchtung ausschließlich
des elektrischen Stroms bedient, hat dort auch das Gas zu
technischen Heizzwecken umfangreiche Verwendung gefunden.
Charakteristisch für diese Anlage, die etwa 600 Arbeiter
beschäftigt, ist, daß dort das Merkmal des Großbetriebs,
der Fabrikschornstein, vollständig fehlt und daß außer
einer mit Koks betriebenen Zentralheizung Dampfkessel
oder sonstige rauch- und rußerzeugende Feuerungsanlagen
nicht vorhanden sind. Diese Fabrikanlage kann also in
gewissem Sinne als eine moderne hygienische Musteranlage
bezeichnet werden. Die Rolle, die das Gas hierbei zu spielen
hat, ergibt sich von selbst: Für alle Zwecke, wo Wärme zu
den verschiedensten Metallarbeiten benötigt wird, tritt das
Steinkohlengas als veredelter Brennstoff an die Stelle des

1

Rohstoffes, der Kohle. Dabei handelt es sich nicht etwa um zentralisierte Heizeinrichtungen, sondern der Vorteil des gasförmigen Brennstoffs zeigt sich gerade darin, daſs das Gas an den verschiedensten Stellen des Betriebes gröſsere und kleinere Dienste da und dort zu verrichten hat. Dennoch ist der Umfang des Gasverbrauchs verhältnismäſsig bedeutend, denn es wurden im Jahre 1909 108 329 cbm Gas zu technischen Zwecken verbraucht. Zur Beleuchtung ist das Gas nur in den Werkstätten der Gasmesserfabrik eingerichtet, wo jeder Arbeitsplatz mit einer Lampe für hängendes Gasglühlicht versehen ist.

Die ausgedehnteste Verwendung findet das Gas zur Beheizung von Trockenöfen. Sowohl die einzelnen Teile der Elektrizitätszähler wie die vollständig fertigen Zähler werden fein lackiert und müssen getrocknet werden. Hierzu dienen Trockenschränke, von denen Fig. 1 eine Ausführung der Firma G. Hoffmann, Berlin[1]), zeigt.

Dieser für Gasfeuer eingerichtete Ofen ist doppelwandig; unter dem Boden liegen röhrenförmige Gasbrenner, die je nach Bedarf reguliert werden können. Die Verbrennungsgase umspülen die Trockenkammern und ziehen oben durch Abzugsröhren, die mit Regulierklappen versehen sind, ab. Die Beheizung dieser Trockenöfen durch Gas bietet den Vorteil, daſs die Wärme im Trockenschrank genau reguliert werden kann und, wenn sie eingestellt ist, auch gleichmäſsig bleibt. Wo es darauf ankommt, höhere Temperaturen zu erzielen, ist die Gasheizung unentbehrlich, da mit Dampf nur Temperaturen bis zu etwa 130° C zu erreichen sind. Die Isaria-Zählerwerke haben neun solche Trockenöfen in Betrieb. Die Temperatur, bei der getrocknet wird, muſs sich nach dem Material des Gegenstandes richten, aus dem dieser gefertigt ist; gewöhnliche Eisenteile werden bei 100 bis 120° getrocknet, dagegen können feinere Teile, bei denen Pappdeckel und Isoliermasse verwendet ist, nur eine Temperatur von 40° ver-

---

[1]) Spezialfirmen: G. Hoffmann, Lackier- und Trockenofenfabrik, Berlin SW, Oranienstraſse 108. — Albert Baumann, Aue im Erzgebirge.

tragen. Trockenöfen für höhere Temperaturen (bis zu 500° C)
werden mit einem dritten Mantel umgeben und durch 40 bis
50 mm starke Isolierung gegen Wärmestrahlung geschützt.
Ein solcher Ofen ist in Fig. 2 dargestellt. Durch im Boden
befindliche Kanäle wird eine regulierbare Luftzirkulation ge-
schaffen, welche bezweckt, daß sich die Heizkammer schnell
erhitzt und außerdem der sich entwickelnde Dunst in den
Schornstein getrieben wird. Letzterer Umstand ist haupt-
sächlich für das Glanz- und Schnelltrocknen von Vorteil.

In ausgiebiger Weise finden wir in der Fabrik das Gas
zu Lötzwecken verwendet. Die Gasmesserabteilung bedient sich zum Löten der Gasmesser ausschließlich der ge-
wöhnlichen Gaslötöfen, von denen 42 gleichzeitig im Betriebe
sind. Infolge des verhältnismäßig hohen Gasverbrauchs dieser
einfachen Lötöfen ist jedoch beabsichtigt, diese später durch
solche mit Preßluft zu ersetzen. Diese in Fig. 3 in der
Ausführung der Firma H. Hommel in Mainz dargestellte
Konstruktion [1]) ist in Fabriken, wo Preßluft zur Verfügung
steht, allen anderen vorzuziehen, da sich der Betrieb viel
leistungsfähiger und bedeutend billiger stellt. Die Firma
H. Hommel, Mainz, macht über diesen Ofen folgende
Angaben:

Durchmesser der Gaszuleitung	$1/4''$	$1/4''$	$3/8''$	$3/8''$
Annähernder Gasverbrauch in der Stunde . . . . . . cbm	0,2	0,35	0,7	0,9
Breite der Einlegeöffnung mm	120	210	210	300
Höhe » » »	120	210	210	300

Kleine Lötkolben, die nur über einem einfachen Bunsenbrenner erhitzt werden, finden sich in der Fabrik an den verschiedensten Stellen in Gebrauch. Sie dienen z. B. zum Festlöten der Drahtwicklungen auf die Spulen, zum Festlöten
der feinen Goldbürsten, die auf dem Kollektor schleifen und
den Strom dem Meßapparat zuführen; sie dienen bei der

---

[1]) Lötöfen und Lötkolben mit Gebläsebetrieb liefert auch
De Fries & Cie., Akt.-Ges., Düsseldorf.

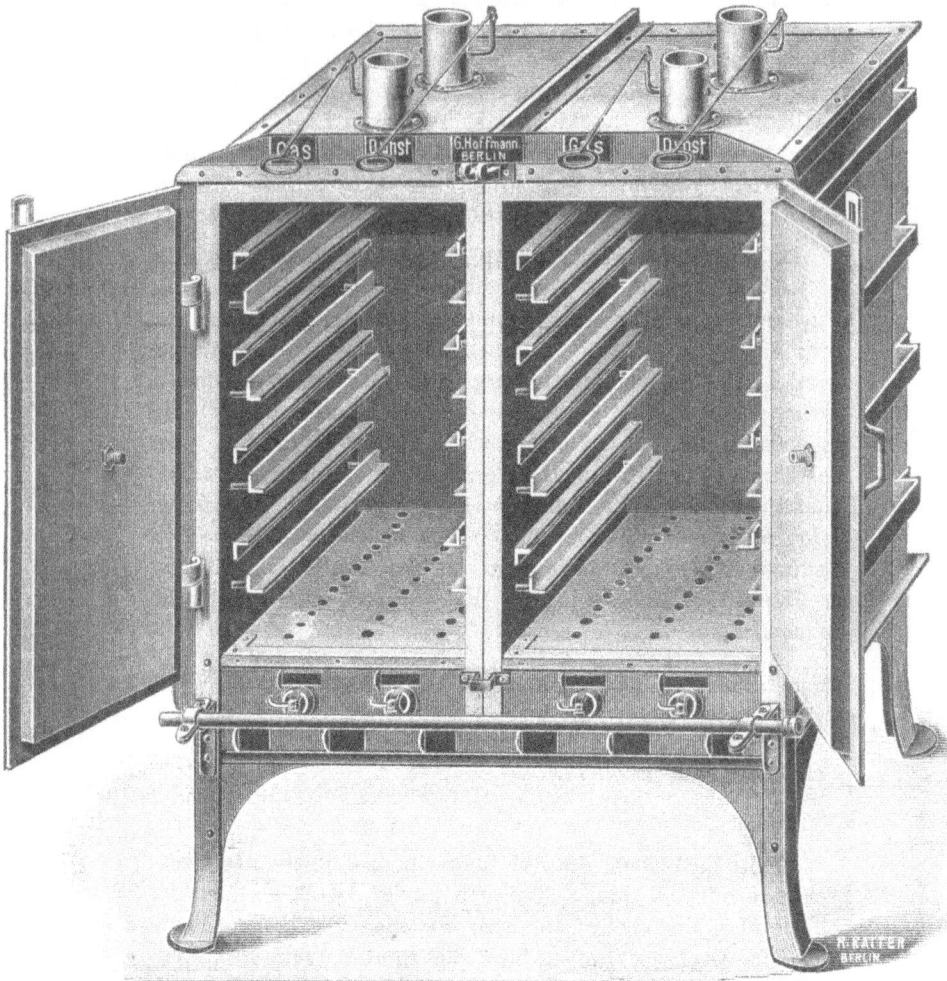

Fig. 1.

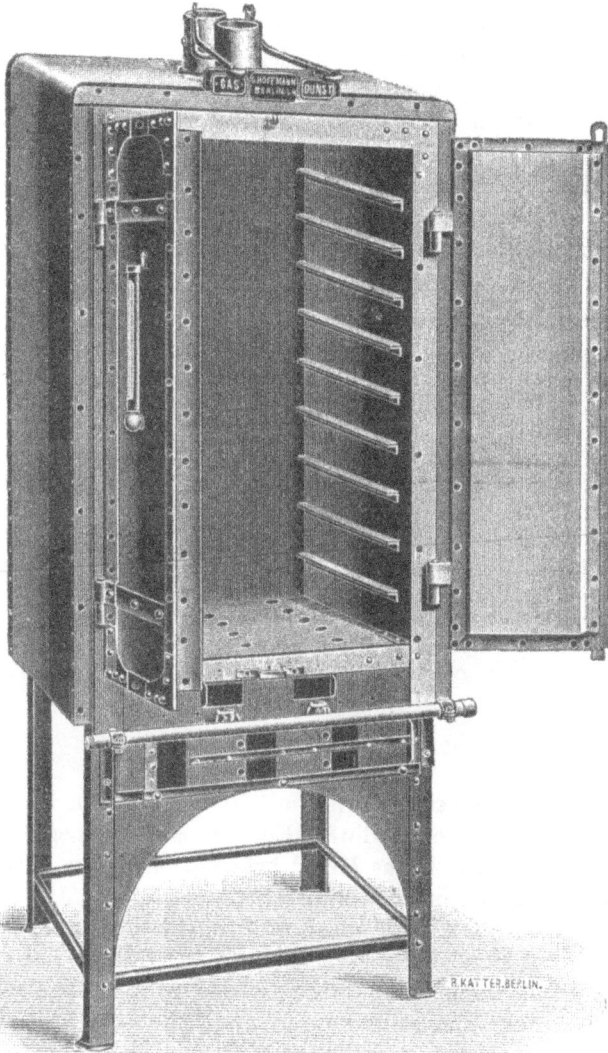

Fig. 2.

Montierung der Zähler zum Löten der Verbindungsdrähte und zu vielen anderen Zwecken.

Bei der Fabrikation der Kleinmotoren werden die Anker (auch Rotore genannt) gar nicht mehr an allen einzelnen Stellen mit der Hand gelötet, sondern in Bäder von flüssigem Lötzinn, die mit Bunsenbrennern gebeizt sind, eingetaucht.

Zum Schmelzen leichtflüssiger Metallegierungen wird das Gas in ausgiebiger Weise in Giefsöfen verwendet, die zur Herstellung von sogenanntem Spritzgufs dienen. Fig. 4

Fig. 3.

zeigt einen solchen Gufsofen mit Gasheizung von der Firma Küstermann & Co., Berlin[1]). Ein schwerer eiserner Schmelz-tiegel, in dem sich das Metall befindet, wird von unten mit einem grofsen einfachen Bunsenbrenner erhitzt. Auf das ge-schmolzene Metall wird ein Kolben mittels des auf der Figur sichtbaren Handgriffes herabgedrückt. Auf diese Weise wird das Metall durch einen in dem Kessel seitlich angebrachten Kanal herausgepreßt und durch eine feine Düse in die Form

---

[1]) Spezialfirmen: Küstermann & Co., Fabrik von Maschinen und Utensilien für Schriftgiefsereien, Messinglinienfabrikation und Stereotypieeinrichtungen. Berlin N, Prinzenallee 75.

gespritzt, die mit der Hand an die Düsenöffnung angesetzt wird. Das Metall dringt in die feinsten Poren der Form ein und liefert in sehr kurzer Zeit einen sehr feinen Gufs. Auf diese Weise werden mittels drei Öfen in der Fabrik der Isaria-Zählerwerke pro Tag etwa 700 sogenannte Zähler-

Fig. 4.

rollen hergestellt, das sind die Scheiben, auf denen sich die Zahlen für die Zählwerke der Elektrizitätszähler befinden. Auch andere kleine Teile werden hier gegossen, so z. B. die Naben für die rotierenden Scheiben der Motorzähler u. a.

In der galvanoplastischen Abteilung, wo die Metallteile gebeizt und vernickelt werden, begegnen wir wieder dem Gas zur Erwärmung der Säure- und Wasserbäder; indessen bieten die Vorrichtungen kein besonderes technisches Interesse, da es sich nur um einfache Pfannen handelt, die durch Bunsenbrenner gewärmt werden. Ebenso bieten die Leim-töpfe, die mit Bunsenbrennern erhitzt werden und zum Fest-leimen der mit Leinwandbändern umwickelten Ankerspulen

Fig. 5.

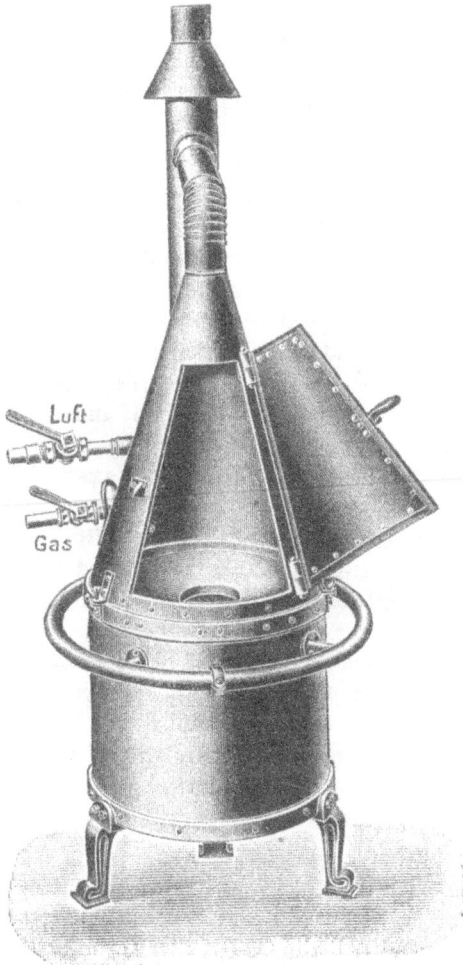

Fig. 6.

dienen, nichts Neues. Dagegen finden wir in der Abteilung für die Werkzeugfabrikation wieder interessante Gasapparate vor. Für die Herstellung von Werkzeugen und für die schneidenden Teile der Arbeitsmaschinen ist das Ausglühen und Härten des Stahles bei richtiger Temperatur überaus wichtig. Dieses Ausglühen und Härten geschieht in Gasglüh- und Härte-Muffelöfen, von denen Fig. 5 einen von der Firma Hahn & Kolb, Stuttgart, gelieferten Ofen darstellt[1]). Die Heizung wird im vorliegenden Falle durch Gas ohne Gebläse bewirkt. Der Stahl wird in einer Muffel aus Schamotte unter Luftabschluſs auf Temperaturen von ca. 800⁰ erhitzt. Bei dem Betriebe solcher Muffelöfen machen sich die Vorzüge des Gases gegenüber anderen Brennstoffen in hervorragender Weise geltend. Die Zuverlässigkeit der Temperatur und die Reinlichkeit des Betriebes sichern hier dem Gas den Vorzug vor jedem anderen Brennstoff. Für besonders hohe Temperaturen bis zu 1300⁰ C sind Gebläse von ca. 300 bis 700 mm Druck Wassersäule erforderlich. Für solche Temperaturen, die zum Härten der leistungsfähigsten Schnellbetriebs-Stahlwerkzeuge nötig sind, dienen sogenannte Schmelzbad-Regenerativgasglüh- und Härtetiegelöfen, von denen eine Ausführung der Firma Hahn & Kolb, Stuttgart, in Fig. 6 dargestellt ist. Der Stahl, der reichlichen Zusatz des spezifisch schweren Wolframs enthält, dessen Schmelzpunkt bei ca. 1800⁰ C liegt, erfordert für die Härtehitze, je nach Marke, eine Temperatur von 1100 bis 1300⁰ C. Dem Prospekt der Firma entnehmen wir nachstehende Tabelle über die verschiedenen Temperaturen, die zur Härtung des Stahls notwendig sind.

----

[1]) Spezialfirmen: Hahn & Kolb, Stuttgart. — Albert Baumann, Aue im Erzgebirge. — De Fries & Cie., Akt. Ges., Düsseldorf. — Schuchard & Schütte, Berlin C. — Pölter G. m. b. H., Düsseldorf. — R. Weber, Berlin.

Grad Cels.				
1500°	Helle Weifshitze, der Stahl sprüht Funken 1500°	Schweifshitze für Eisen 1300°		
1300° bis 1200°	Matte Weifshitze 1200°	Schweifshitze für eigentlichen Schweifsstahl 1200°	1200—1300° Härtehitze für Schnellbetriebsstahl	Temperaturgrade von 800 bis 1500° dürfen beim Ausglühen von Stahl nicht angewendet werden
1100°	Helle Gelbglut 1100°	Schweifshitze für schweifsbaren Tiegelstahl geringer Härte	Bei 1000 bis 1500° gehärtete Werkzeuge aus seitherigem Gufsstahl sind unbrauchbar, der Stahl ist überhitzt od. verbrannt	
1000°	Gelbglut 1000°	Schmiedehitze für weichen Stahl		
900°	Gelbrotglut 900°	Schmiedehitze für harten Stahl	Härtehitze kaum härtbaren Stahles od. mit Einsatz gehärten Eisens	800° Glühhitze f. Schnellbetriebsstahl Luftabschlufs in Holzkohlenpulver eingepackt. Je langsamer die Abkühlung vor sich geht, desto weicher wird der Stahl
800°	Helle Glut 800°	Schmiedehitze für besonders harten Stahl	780° Härtetemperatur von weichem Werkzeugstahl	
750°	Kirschrotglut 750°	Schmiedehitze, bei welcher überhitzter Stahl sein normales Gefüge nahezu wieder erhält	Härtetemperatur von zähem bis hartem Stahl, zäher Stahl bei heller, harter Stahl bei dunkler Rotglut	Glühhitze für Werkzeugstahl, langsam erkalten bei völligem Luftabschlufs
650°	Dunkelrotglut 650°	Zum Schmieden aller Stahlsorten ungeeignet	Eine Glühung od. Härtung in dieser Temperatur ist ohne wesentlichen Einflufs auf den Stahl	Glühhitze für Messingbleche etc. zur Weiterverarbeitung
550°	Braunrotglut 550°			

Das Härten des Stahls erfolgt in Graphittiegeln, die ein Salzbad, das sogenannte Schmelzbad, enthalten. Durch dieses Bad werden die eingetauchten Stücke nicht nur gleichmäfsig erwärmt, sondern es wird auch der Zutritt der Luft an den Stahl gehindert, so dafs jede Bildung von Zunder oder Oxydschichten vermieden wird. Die Erhitzung des feuerflüssigen Salzbades geschieht durch ein Gebläse in etwa 1 Stunde, das Erhitzen des eingetauchten Stahles geht dann überraschend schnell und sicher vor sich und läfst sich je nach dem nötigen Hitzgrad leicht regeln. Der Gasverbrauch eines solchen Ofens ergibt sich aus nachstehender Tabelle:

Tiegelgröfsen			Gasverbrauch		Gas-rohran-schlufs in Zoll	Gasmesser-flammen-zahl	Luft-rohran-schlufs in Zoll
Lichte Masse		Inhalt f. Eisen	zum An-heizen auf 1200° C	im Dauer-betrieb bei 1200° C pro Stunde			
Weite ca. mm	Tiefe ca. mm	ca. kg	ca. cbm	ca. cbm			
60	90	1	0,75	0,7	$^1/_2$	5	$^3/_4$
70	100	3	1,2	1	$^3/_4$	5	$^3/_4$
100	130	6	1,8 – 2	1,2	$^3/_4$	5	$^3/_4$
130	180	12	3— 5	1,6	$^3/_4$—1	10	$^3/_4$
180	230	25	7— 9	2,9	1	20	1
280	340	100	17—20	7—8	$1^1/_2$	30—40	$1^1/_2$

Zum Ausglühen schwerer Arbeitsstücke finden wir auf der Fabrik vier Schmiedefeuer mit Gasgebläse, wie in Fig. 7 dargestellt. Auf der mit Schamotte ausgemauerten Herdplatte befinden sich Holzkohlen, die durch das mit Metallschlauch angebrachte Gebläse in Glut versetzt werden. Der Blasebalg liegt, wie bei jeder Feldschmiede, im unteren Teile und wird mit dem Fufs getreten. Diese Gebläse können auch zum Löten schwerer Arbeitsstücke verwendet werden.

So finden wir auf unserem flüchtigen Rundgang durch die Fabrikanlage der Isaria-Zählerwerke das Steinkohlengas zu den mannigfachsten technischen Zwecken verwendet. Mitten im Getriebe der Elektrizität begegnet es uns als treuer Begleiter des elektrischen Stroms, ein Zeichen dafür, wie beide sich in vielen Fällen wirksam ergänzen. Die besprochene Fabrikanlage gibt uns aber auch einen Fingerzeig, wie die Beseitigung der Rauch- und Rufsplage durch den mit Wasserkraft erzeugten elektrischen Kraftbetrieb in Verbindung mit der Gasheizung einfach und sicher erreicht werden kann.

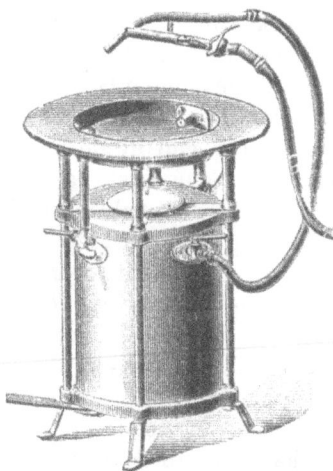

Fig. 7.

2. Das Gas in Anstaltsküchen, im Hotel- und Restaurationsbetrieb.

Für die Einrichtung des neuen dritten Krankenhauses München-Schwabing war vor allem die hygienische Forderung bestimmend, dafs jede Verunreinigung der Luft durch Kohlenstaub vermieden, also die Verwendung fester Brennstoffe in der grofsen Kochhalle ausgeschlossen sein mufste. Für die Heizung der grofsen Kochkessel sowie einiger anderer Apparate dient Dampf, alle Speisen, die eine gröfsere Hitze erfordern, werden auf Gas bereitet. Die von der Herdfabrik Gebr. Demmer in Eisenach stammenden Apparate sind von der Münchener Herdfabrik Wamsler geliefert und eingerichtet.

Fig. 8 zeigt uns denjenigen Teil der Hauptküche, in dem die groſsen Gasherde und die Etagenbratöfen stehen. Die beiden Herde sind 3,5 m lang und 1,35 m breit, haben je 12 Kochstellen, im unteren Teil 2 Bratröhren mit dazwischenliegendem, durchgehendem Wärmschrank. Die Plattenbrenner mit je 2 Hähnen für Groſs- und Kleinstellung verbrauchen bei 30 mm Gasdruck und vollem Betrieb je ca. 1500 l, die Gasbratrohrbrenner je ca. 1200 l. In dem groſsen Etagenbratofen sind zwei Gruppen mit je 4, im ganzen also 8 Backröhren und 4 Geschirrschränke mit Flügel-türen untergebracht. Die Heizung der Backröhren erfolgt von auſsen. Die Abgase sind in einem besonderen mit Ton-röhren ausgefütterten Schornstein abgeführt, während die der Herde in den Raum entweichen, bei dessen bedeutender Gröſse und Höhe und guter Lüftung irgendwelcher Einfluſs auf die Reinheit der Luft nicht vorhanden ist. Selbst bei starkem Betrieb ist der hohe, luftige Raum frei von Dünsten und Gerüchen und macht den Eindruck höchster Sauberkeit.

Vier kleinere Gasherde System Wamsler befinden sich im Absonderungsgebäude.

Gas ist ferner noch verwendet in 6 Stück Spülapparaten mit je 2 Spülbecken und in 6 Wärmetischen, neben deren mit Dampf geheizter Platte Gasherdplatten zum Warmhalten der Speisen eingebaut sind.

Das neuerbaute Palast-Hotel in München hat in seiner groſsen Hotelküche neben Dampf- und Koksheizung auch Gas zu verschiedenen Zwecken in Verwendung. Für die Kaffeebereitung dient ein eigener Gasherd von Senking, bei dem die groſsen kupfernen Kaffeemaschinen auf der Herdplatte über Gasfeuer geheizt werden. Für feineres Backwerk ist ein Etagenbackofen in Betrieb, dessen regulier-bare, gleichmäſsige Wärme gelobt wird. Ein groſser Bouil-lonkessel mit Gasheizung stammt ebenfalls aus der Fabrik von Senking. Derartige groſse Kochkessel für Gasfeuerung werden zu den verschiedensten Zwecken als Bouillon-, Schinken-, Waschkessel etc. und in Gröſsen bis ca. 500 l Inhalt, sowohl feststehend, als kippbar, gebaut. Fig. 9 zeigt beispielsweise einen Waschkessel mit drei Brennern,

Fig. 8.

von denen einer zum Anheizen, einer zum Fortkochen und
ein dritter zur Zündung dient. Während man in größeren
Anstaltsküchen Deutschlands für Massenbereitung meist
Dampfkochkessel antrifft, sind vorzugsweise in der Schweiz
die Gaskochkessel der Schweizerischen Gasapparatefabrik

Fig. 9.

Solothurn sehr beliebt. Besonderes Interesse bietet der in
Fig. 10 abgebildete Selbstkocherkippkessel. Nachdem der
Inhalt des Kessels gut angekocht ist, werden durch Verstellen
eines Hebels die Gashähne zugedreht. Dadurch wird auch
die Öffnung, die der frischen Luft den Zutritt zum Brenner
gestattet und diejenige im Abzugstutzen der größeren Kessel
von 50 l Fassungsraum an, die die Verbrennungsprodukte

abziehen läfst, geschlossen. Die Wärmeaufspeicherung der
isolierten Umhüllungswandungen genügt, um den Inhalt ohne
Feuerung mehrere Stunden langsam weiterkochen zu lassen.
Diese Kessel werden in der Gröfse von 5 bis 500 l Inhalt
angefertigt. Der 'in der Figur dargestellte kleine Kessel

Fig. 10.

dieser Art besitzt noch eine Schutzhaube aus Blech, die über
den hervorragenden oberen Teil des Kessels gestülpt wird,
um ihn vor starker Abkühlung zu schützen.

Ausgiebiger Gebrauch wird in der Küche des Palast-
Hotels von dem Etagenbackofen mit Gasheizung gemacht,
der vorzugsweise für die Herstellung von Konditoreiwaren
dient. Während das Braten auf Rost in der Hauptsache mit
sog. Grills mit Koks oder Holzkohlenfeuerung geschieht, ist
für rasch zu bereitende kleinere Fleischspeisen ein Gasröster
System Senking vorgesehen. Ein weiterer ähnlicher Apparat
dient zum Rösten von Brot (Toast).

Der Restaurationsbetrieb der Pschorrbräuhallen in
München bedient sich des Gases in gleicher Weise zum

Backen und Braten wie die vorbeschriebene Hotelein-
richtung. Merkwürdigerweise geschieht das Braten am Rost
bzw. Spiefs dort in grofsen Apparaten mit Holzkohlen, weil
man der Ansicht ist, dafs sich die von diesen ausgestrahlte
Wärme besser eignet als diejenige der Gasflammen. Diese
Ansicht ist jedoch durch die vielen in Betrieb befindlichen
vorzüglichen Rost- und Spiefsbratapparate für Gas, von denen
Fig. 11 einen kombinierten Apparat der Firma A. Vofs sen.,
Hannover-Sarstedt, zeigt, längst widerlegt.

Aufser einigen kleinen Wärmeplatten, die mit Gas geheizt sind, findet das Gas in diesem Restaurant ausgiebige
Anwendung in der Spülmaschine »Vortex«, die, amerikanischen
Ursprungs, sich in den deutschen Restaurations- und Hotel-
betrieben rasch eingebürgert hat. Mit einem solchen Spül-
apparat können in der Stunde etwa 3000 bis 6000 Geschirre
gespült werden. Er enthält drei Metallbecken, von denen
die ersten beiden zum Vorspülen, das dritte zum Nachspülen
mit kochendem Wasser dient. Der Apparat besitzt in seinem
Untergestell grofse Gasbrenner, durch die das Wasser geheizt wird.

Das zulaufende Wasser wird durch das mit einem kleinen
Motor angetriebene Flügelrad in Kanäle getrieben, die durch
Rippen an der Kesselwand und einen herausnehmbaren
glatten Einsatz gebildete sind und fällt durch Schlitze des
Einsatzes mit grofser Kraft von oben herab zwischen das zu
spülende Geschirr, das in den fahrbaren Korb eingehängt
und herausgezogen wird.

Die Gasheizung bietet hier den Vorzug der raschen,
jederzeit betriebsbereiten Feuerung und gestattet, den Apparat
auch da anzuwenden, wo Dampf nicht zur Verfügung steht.

Im Restaurationsraum der Pschorrhallen selbst ist schliefs-
lich ein grofser Geschirrwärmeschrank mit Gasheizung auf-
gestellt, mit dessen Hilfe das Personal stets warmes Geschirr
zur Hand hat, ohne erst in die Küche gehen zu müssen.

Wenn wir uns zum Schlufs nach den Kosten solcher
gröfseren Gaseinrichtungen fragen, so ist in dieser Beziehung
ein Zeugnis von Interesse, das von dem Sanatorium Davos-

Fig. 11.

Dorf und Villa Maria der Schweizerischen Gasapparatefabrik
Solothurn ausgestellt ist und wie folgt lautet:

»Seit dem 8. November letzten Jahres, also mit der Be-
triebseröffnung der neuen Werke, haben wir ausschliefs-
lich mit Gas gekocht.

Angeschlossen waren folgende Apparate:

  1 Hotelherd mit 2 Bratöfen, 1 Wärmeofen und 6 Koch-
    stellen;
  2 Kippkessel;
  1 Spiefsbratapparat;
  1 Kaffeeherd mit 4 Kochstellen;
  1 Warmwasserzubereiter;
  2 Wärmetische.

Das Laboratorium mit 3 Flammen.

In bezug auf die Zweckmäfsigkeit sämtlicher Apparate
können wir nur unsere vollste Zufriedenheit aussprechen.
Kein einziges Mal hatten wir irgendwelche Störung im Betrieb, alle Apparate funktionieren tadellos und bieten für das
Küchenpersonal grofe Erleichterungen. Das Regulieren der
Bratöfen und des Spiefsbratapparates sind für den Küchen-
chef ein grofser Vorteil, und die Speisen gewinnen entschieden
im Geschmack durch das regelmäfsige Feuer. Der Spiefsbratapparat im besondern ist für Geflügel vortrefflich geeignet,
dasselbe bleibt dabei viel saftiger als im Ofen.

Die grofsen Vorteile punkto Sauberkeit und Rauchlosig-
keit bei der Gasküche sind ja allgemein bekannt und brauchen
kaum erwähnt zu werden.

Betreffend der Kosten bei Gasfeuerung der Küche können
wir folgende Zahlen angeben:

Bei 13 852 Verpflegungstagen (Personal, Direktion und
Ärzte nicht mitgerechnet) brauchten wir 18 648 cbm Gas
à 23 Cts.[1]) = Fr. 4299,04; pro Tag 51 cbm à 23 Cts. = Fr. 11,73;
pro Verpflegungstag 1,34 Kubikmeter à 23 Cts. = 31 Cts.
Dabei ist zu bemerken, dafs wir täglich 6 Mahlzeiten
geben, wie es in den Sanatorien hier üblich ist.

---

[1]) Gaspreis 23 Cts. für 1 cbm = 18,5 Pf.

Bei unserem Betrieb stellen sich die Kosten des Gasverbrauchs pro Verpflegungstag viel günstiger im Winter als
im Sommer, wenn das Haus weniger besetzt ist. Im Januar
bei 1740 Verpflegungstagen auf 26 Cts.; im August bei 679
Verpflegungstagen auf $46^1/_2$ Cts. Zum Vergleich haben wir
im Jahre 1904/1905 bei 10700 Verpflegungstagen 28 Cts. pro
Verpflegungstag für Kohlen und Holz für die Küche ausgegeben.

Die Gasfeuerung stellt sich also für unseren Betrieb ca. 10 %
teurer als die Kohlenfeuerung. Diese Mehrkosten tragen wir
aber gerne bei allen oben erwähnten Vorteilen und Bequem-
lichkeiten.«

3. Das Gas im Kolonialwarenbetrieb.

Kaffee-Röstapparate der Firma Heinrich Ries in München.

In den Auslagefenstern obiger Firma sind zwei große
Kaffeeröstmaschinen im Betrieb zu sehen, von denen die eine
mit Koks, die andere mit Gas betrieben wird. Der von der
Firma Kirsch & Maußer, G. m. b. H., Heilbronn, gelieferte
Gasschnellröster »Rekord« ist imstande, eine Beschickung von
20 kg Kaffee in kürzester Zeit zu rösten. Nach Angabe der
Firma soll das Röstgut nach 10 bis 12 Minuten fertig ge-
brannt sein, nach den Erfahrungen des Betriebs wird die
Dauer auf 20 Minuten angegeben. Der in Figur 12 abgebildete Apparat besteht aus zwei konzentrischen Kugeln, von
denen die innere mit dem Röstgut beschickt und durch
eine motorisch angetriebene Vorrichtung in Rotation gesetzt
wird. Das Gas tritt durch einen gußeisernen Arm in die
äußere Kugel ein, wird dort entzündet und mit entsprechender
Menge Frischluft vermengt. Durch einen Exhaustor wird
das Gas über die halbe innere Kugel abgezogen, verwandelt
sich dort in Heißluft und wird alsdann durch Öffnungen in
den oberen Teil der inneren Kugel hineingesaugt, dort röstet
sie den Kaffee und geht alsdann nach dem Kamin ab. Diese
Heißluft nimmt auch alle Dämpfe, sowie dem Kaffee an-
haftende Unreinlichkeiten und Häute von ihm fort, so daß
nicht nur ein sehr reines Material erzeugt wird, sondern auch

jede Belästigung durch Dämpfe und Geruch im Raum vermieden wird. Der fertige Kaffee fällt beim Öffnen des unteren Deckels an der Kugel auf ein Sieb, um darauf zu erkalten.

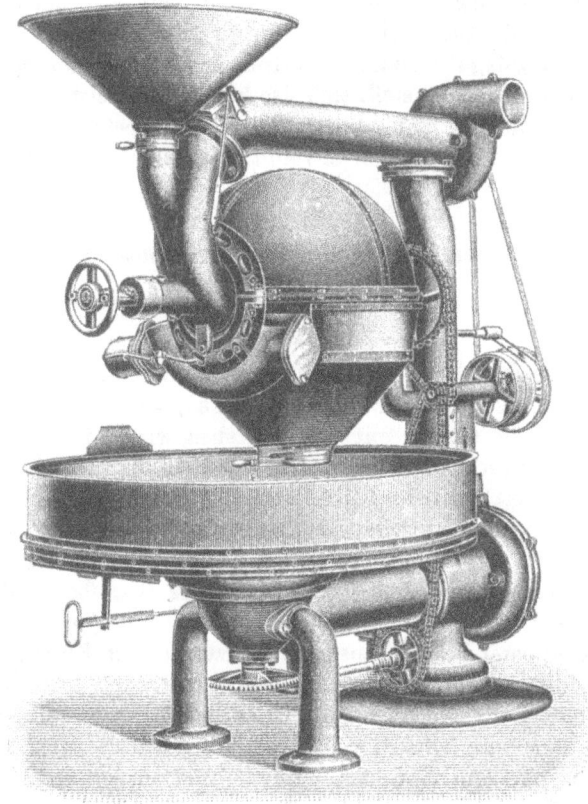

Fig. 12.

Auch hier werden durch einen im unteren Teil befindlichen Exhaustor die noch sich entwickelnden Dämpfe abgesaugt, während das Material durch eine Rührvorrichtung bewegt wird. Der ganze Röst- und Kühlvorgang spielt sich also unter Vermeidung jeglichen Dunstes ab, so daß der Apparat

in Schaufenstern betrieben werden kann und von den Vorüber-
gehenden mit Interesse beobachtet wird.

Nach Mitteilung der Firma Heinrich Ries arbeitet der dort
in Betrieb befindliche, mit Koks geheizte Röstapparat bei
dauerndem Betrieb billiger, dagegen empfiehlt sich der Gas-
schnellröstapparat besonders da, wo der Betrieb öfters unter-
brochen werden muſs. Nach Angabe des Fabrikanten werden
zum Rösten von einem Kilo Kaffee 50 bis 70 l Gas verbraucht.

Der Gasschnellröster eignet sich ebenso zum Rösten von
Gerste, Kakao etc.

Aus einer von der Spezialfirma Kirsch & Mauſer vor-
gelegten Liste ist zu ersehen, daſs diese in kurzer Zeit von
ihren Schnellröstapparaten »Rekord« für Gasfeuerung
301 Stück, für Koksfeuerung 28 Stück geliefert hat,
woraus hervorgeht, daſs sich die Gasfeuerung groſser Beliebt-
heit erfreut.

4. Das Gas im Bekleidungsgewerbe.

I. Kleiderfabrik von Isidor Bach, München.

Die groſse Herrenkleiderfabrik von Isidor Bach in München verwendet in ihrem Betriebe das Gas in ausgedehntem
Maſse zum Bügeln. In den Werkstätten dieser Fabrik sind
im ganzen 7 groſse Bügelöfen mit 57 Gasfeuern, und zwar
2 Öfen à 6 und 5 Öfen à 9 Feuer, in Betrieb.

Figur 13 stellt einen kleineren Ofen der Hamburger Gas-
bügel-Ofengesellschaft m. b. H. für 2 Paare Eisen »System
Henniger« dar. In den Öfen der Firma I. Bach werden
gleichzeitig 18 Eisen, von denen 9 in der unteren Reihe,
direkt auf den Brennern, die anderen auf einem Roste darüber-
stehen, erwärmt. Der Heizraum ist von allen Seiten durch
Schlackenwolle gut isoliert. Er ist durch einen 3teiligen Deckel
abschlieſsbar, so daſs eine wesentliche Ausstrahlung der Hitze
und eine unnötige Erwärmung der Arbeitsräume vermieden
wird. Jeder einzelne von den 9 Brennern nebst Zündflamme
ist durch besondere Hähne, die übersichtlich auf einer verti-
kalen Wandtafel angeordnet sind, regulierbar. Jeder Hahn
kann unabhängig von den Nachbarbrennern einreguliert und

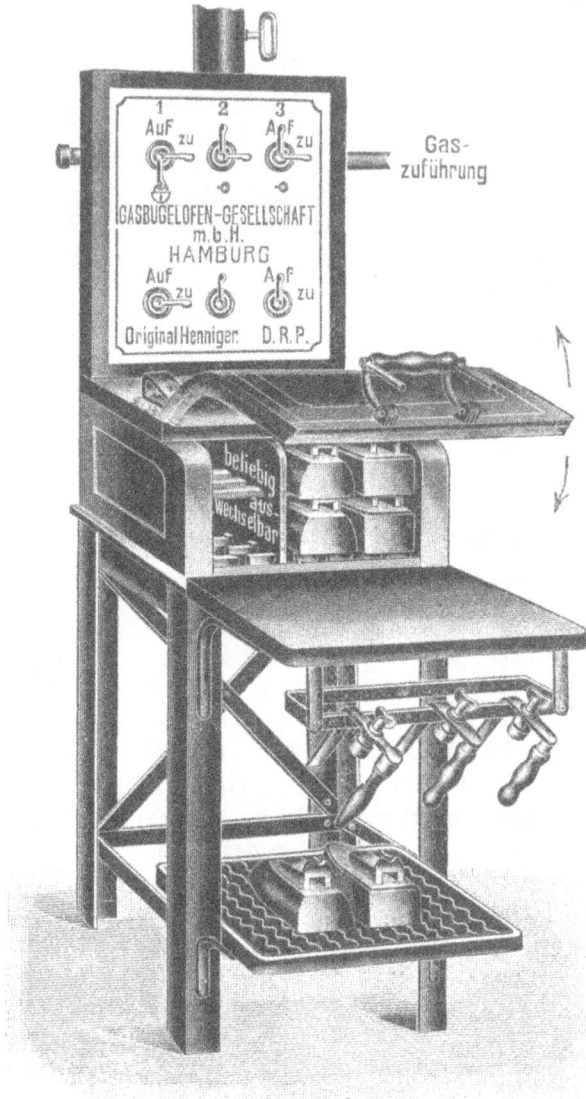

Fig. 13.

durch ein Schloß mit Schlüssel festgestellt werden. Außerdem hat zur Regulierung des wechselnden Gasdruckes ein jeder Brenner an der Hinterwand eine auf der Zeichnung nicht sichtbare Regulierschraube, deren Einstellung folgendermaßen geschieht: Die Mutter der Regulierschraube wird gelöst und die Schraube selbst, soll der Brenner kleiner brennen, hineingeschraubt. Alsdann wird die Mutter der Schraube fest angezogen, um die Einstellung zu sichern. Diese Regulierung ist für den sparsamen Gasverbrauch sehr wichtig. Im Untergestell befinden sich die Griffe für die Bügeleisen, mit denen sie bei aufgeklapptem Deckel leicht herausgenommen

Fig. 14.

werden können. Beim Anheizen des kalten Apparats wird der Deckel 3 bis 5 Minuten offengehalten, damit das sich bildende Schwitzwasser verdampfen kann. Die Wärme eines solchen Ofens wird am vollständigsten ausgenutzt, wenn man 3 Sätze, also für einen Ofen mit 9 Brennern, $3 \times 9 = 27$ Eisen benutzt. Von diesen befinden sich mindestens 9 im Gebrauch, die nach dem Erkalten zuerst auf den oberen Rost und schließlich auf den Brenner gestellt werden, um von da heiß in Benutzung genommen zu werden. Für viele Zwecke genügt aber schon die Erwärmung auf dem oberen Roste.

In ähnlicher Weise werden diese Gasbügelöfen auch in Färbereien, Hutfabriken, chemischen Wasch- und Reinigungsanstalten sowie für alle möglichen Spezialzwecke der Konfektion verwendet. Figur 14 zeigt einen solchen Ofen für kleinere Betriebe. Der Heizraum ist von allen Seiten isoliert

und die Gaszufuhr ist automatisch absperrbar. Der Deckel
steht mit dem Gasventil durch einen eisernen Schenkel
in Verbindung, wodurch beim Öffnen des Deckels der Brenner
bis auf ein Stichflämmchen sich schliefst und sich beim

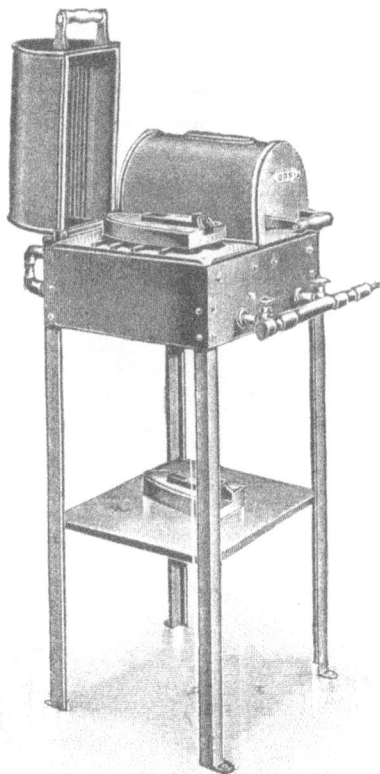

Fig. 15.

Schliefsen des Deckels an der Zündflamme selbsttätig wieder
entzündet. Die erzeugte Hitze geht nicht sofort aus der
Öffnung des Deckels heraus, sondern mufs infolge der An-
bringung von doppelten Leitwänden im Deckel selbst mehrere
Male herumzirkulieren, bevor sie ins Freie tritt. Das Eisen

wird so von allen 4 Seiten erhitzt und nicht wie bei offenen Brennern nur von einer Seite. Auch nach unten ist der Ofen durch eine Asbestplatte isoliert. Mittels Gasspiralschlauch sind diese kleinen Modelle leicht überall anzuschließen und nehmen, wenn sie nicht gebraucht werden, keinen Platz ein.

Figur 15 zeigt einen Apparat für 4 Eisen auf einem Gestell montiert, der für Hutmacher bestimmt ist.

Als Vorzug dieser Öfen wird gerühmt, daß sie bei mäßigem Gasverbrauch jede Belästigung durch Geruch und Hitzentwicklung im Raum vermeiden. Die rasche Erwärmung, die jederzeitige Betriebsbereitschaft sowie die einfache Handhabung sichern ein rasches Arbeiten.

Über die Betriebserfahrungen bei der Firma Isidor Bach werden folgende Angaben gemacht:

Gasverbrauch bei 10 stündiger Arbeitszeit:

Monat 1909.	Modell H 13 mit 6 Brennern	Modell H 13 mit 9 Brennern
April	486	919
Mai	418	754
Juni	483	738
Juli . . .	635	808
August	429	581
September . .	477	662
Oktober . . .	496	819
November . .	443	736
Dezember . .	559	793
1910.		
Januar	498	718
Februar . . .	480	691
März	530	816
	cbm 5934	cbm 9035

An einem Ofen mit 9 Brennern arbeiten 18 bis 20 Leute; das Gesamtpersonal, das in diesen Werkstätten beschäftigt ist, beläuft sich auf 160 bis 170 Mann.

II. Hutformenfabrik von Reismüller, München.

Diese Spezialfabrik bedient sich des Gases nur zum Erhitzen der Formpressen für Damenhüte. Trotzdem betrug
der Gasverbrauch in dieser Fabrik zur Zeit der eigentlichen
Saison im Monat über 1500 cbm, und die Leistungsfähigkeit
der vorhandenen 40 Maschinen zum Pressen der Hutformen
beträgt etwa 200 Dutzend, also 2400 Stück pro Tag. Die Anwendung des Gases erreicht hier, obwohl es sich nur um
eine einzige Spezialmaschine handelt, einen bedeutenden Umfang. Figur 16 stellt eine solche »Linon-Ziehmaschine« der
Firma Grahl & Hoehl, Dresden dar. Die Fabrikation der
Hutformen erfolgt in folgender Weise:

Das appretierte Baumwollgewebe, »Linon« genannt, wird
auf die von unten durch einen Wobbebrenner geheizte Kopf-
form gelegt und darauf die eigentliche Hutform gepreßt, die,
jeweils dem Modegeschmack entsprechend, nach Holzmodellen
in Metall gegossen wird. Diese letztere Form wird durch
einen kreisförmigen Röhrenbrenner mit Bunsenflammen, deren
Löcher nach unten gerichtet sind, erhitzt. Der feucht auf-
gebrachte Stoff haftet an der Form und wird durch die Hitze
getrocknet, so daß er die einmal gegebene Form des Modells
dauernd beibehält. Um den früher sehr hohen Gasverbrauch
zu verringern, werden die Formen, die früher aus Zinkguß
hergestellt waren, aus Rotguß angefertigt, dessen Wärme-
leitung eine günstigere ist. Auch bedeuten die nach unten
gerichteten Flämmchen des Ringbrenners gegenüber den
früheren aufrecht brennenden eine Verbesserung und eine
nicht unwesentliche Ersparnis im Gebrauch. Indessen er-
scheint auch die Wärmeausnutzung dieses Brenners noch
verbesserungsfähig.

III. Dampfwaschanstalt von Hartmann, München.

Dieser Großbetrieb für Wäscherei bedient sich im allge-
meinen des Dampfes sowohl zum Waschen wie auch zum
Plätten der glatten, großen Wäschestücke mittels großer
Dampfwalzen (Kalander). Nur das Plätten der kleineren

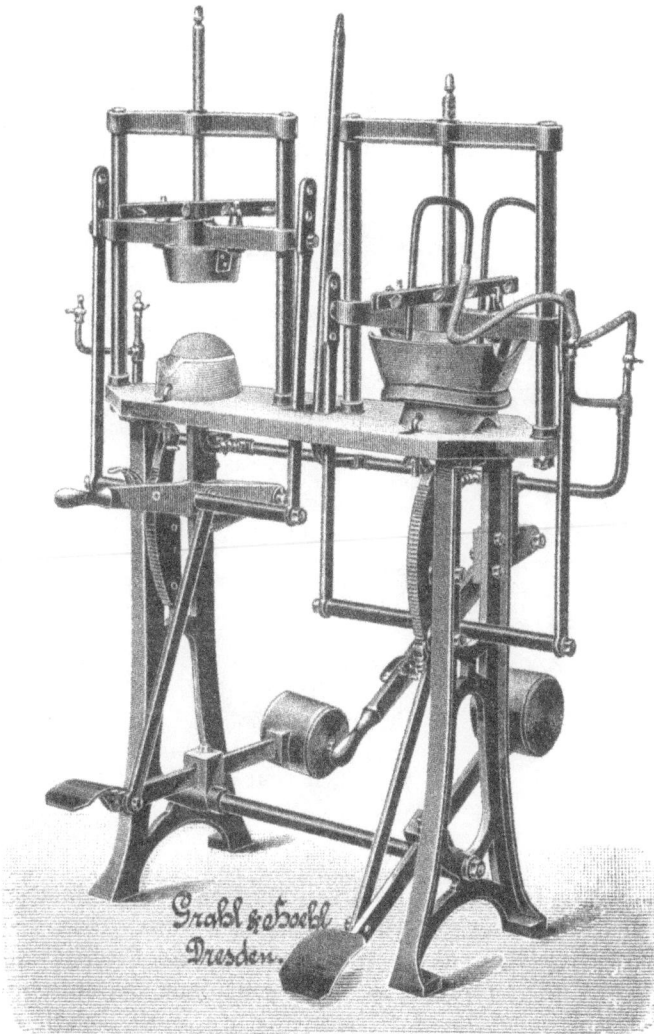

Fig. 16.

Wäsche, besonders der Stärkewäsche, geschieht mit Bügeleisen, die zum Teil noch im Koksofen geheizt werden.

Im Gegensatz zu dieser durch ihre Wärmeausstrahlung
belästigenden Anlage bieten die neueren Einrichtungen [mit
einfachen, in der Mitte der Tische stehenden und mit Schlauch
angeschlossenen Plätteisenerhitzern erhebliche Vorteile. Von

Fig. 17.

besonderem Interesse ist eine von der Maschinenfabrik Anton
Dimpfel in München gelieferte Bügelmaschine. Diese überaus leistungsfähige kleine Maschine zeigt uns Figur 17 ihrer
äußeren Gestalt nach. Das Wesentliche daran ist eine durch
Gas geheizte Stahlwalze, die entweder, wie in der Fabrik von
Hartmann, auf einem Kreissegment sich über den fest-
stehenden Tisch hin und her bewegt, oder wie in der Ab-
bildung, feststeht, während der schmale Tisch durch maschi-
nellen Antrieb hin und her gezogen wird. Die Heizung der

inneren hohlen Walze geschieht durch einen langen röhren-
förmigen und mit vielen kleinen Löchern versehenen Brenner
durch Preſsgas, das in dem Betrieb von Hartmann für die
drei vorhandenen Maschinen durch einen Ventilator erzeugt
wird. Das Brennrohr ist aus 2 Rohren von verschiedenem
Durchmesser derart zusammen bzw. übereinander geschweiſst,
daſs das obere kleinere Rohr als eigentlicher Brenner dient,
während durch das weitere untere Rohr die notwendige Ver-
brennungsluft zuströmt. In beide Zuleitungen wird die
atmosphärische Luft mittels Ventilator eingedrückt. Die Ver-
brennung des Gases ist eine überaus vollkommene, wie aus
den kleinen blauen Flämmchen des Brenners zu erkennen ist.

Der Gasverbrauch einer Maschine beträgt pro Tag bei
11 stündiger Arbeitszeit ca. 3 cbm.

Ähnliche Bügelmaschinen für Gasheizung, die auch zum
Plätten der groſsen glatten Wäsche dienen, baut A. Michaelis,
Wäschereimaschinenfabrik, München, Herbststraſse 18. —
Bügelofen-Industrie, G. m. b. H., Cöln a. Rh., Mastrichterstr. 41.
— Meyer Ed., Bamberg. — Kleindienst & Cie., Augsburg. —
Hugo Hartung, Berlin-Moabit. — Poensgen, Gebr., Düssel-
dorf-Rath.

Druck von R. Oldenbourg in München.

.